我 的 第 一 本 科 学 漫 画 书

升级版

科学实验王

KEXUE SHIYAN WANG

11 溶液与浮力
RONGYE YU FULI

[韩] 小熊工作室/著
[韩] 弘钟贤/绘
徐月珠/译

21 二十一世纪出版社集团
21st Century Publishing Group

通过实验培养创新思考能力

少年儿童的科学教育是关系到民族兴衰的大事。教育家陶行知早就谈道："科学要从小教起。我们要造就一个科学的民族，必要在民族的嫩芽——儿童——上去加工培植。"但是现在的科学教育因受升学和考试压力的影响，始终无法摆脱以死记硬背为主的架构，我们也因此在培养有创新思考能力的科学人才方面，收效不是很理想。

在这样的现实环境下，强调实验的科学漫画《科学实验王》的出现，对老师、家长和学生而言，是件令人高兴的事。

现在的科学教育强调"做科学"，注重科学实验，而科学也必须贴近孩子们的生活，才能培养孩子们对科学的兴趣，发展他们与生俱来的探索未知世界的好奇心。《科学实验王》这套书正是符合了现代科学教育理念的。它不仅以孩子们喜闻乐见的漫画形式向他们传递了一般科学常识，更通过实验比赛和借此成长的主角间有趣的故事情节，让孩子们在快乐中接触平时看似艰深的科学领域，进而享受其中的乐趣，乐于用科学知识解释现象、解决问题。实验用到的器材多来自孩子们并不陌生的日常生活，便于操作，例如水煮蛋、生鸡蛋、签字笔、绳子等；实验内容也涵盖了日常生活中可应用的科学常识，为中学相关内容的学习打下了基础。

回想我自己的少年儿童时代，跟现在是很不一样的。我到了初中二年级才接触到物理知识，初中三年级才上化学课。真羡慕现在的孩子们，这套"科学漫画书"使他们更早地接触到科学知识，体验到动手实验的乐趣。希望孩子们能在《科学实验王》的轻松阅读中爱上科学实验，培养创新思考能力。

北京四中　物理教研组组长　物理高级教师　**厉璀琳**

伟大发明都来自科学实验！

　　所谓实验，是指在特定条件下，通过某种操作使实验对象产生变化，并观察、分析其变化及原因。许多科学家利用实验学习各种理论，或是将自己的假设加以证实。因此实验也常常衍生出伟大的发现和发明。

　　炼金术是利用石头或铁等制作黄金的科学技术。以"万有引力法则"闻名的艾萨克·牛顿（Isaac Newton）不仅是一位物理学家，也是一位炼金术士；而据说出现于"哈利·波特"系列中的尼勒·乐梅（Nicholas Flamel），也是以历史上实际存在的炼金术士为原型。虽然炼金术最终还是宣告失败，但在此过程中经过无数挑战和失败所累积的知识，却进而催生了一门新的学问：科学。无论是想要验证、挑战还是推翻科学理论，都必须从实验着手。

　　主角范小宇是个虽然对读书和科学毫无兴趣，但在日常生活中却能不知不觉灵活运用科学理论的顽皮小学生。学校自从开设了实验社之后，便开始发生一连串的意外事件。对科学实验毫无所知的他能否克服重重困难，真正体会到科学实验的真谛，与实验社的其他成员一起，带领黎明小学实验社赢得全国大赛呢？请大家一起来体会动手做实验的乐趣吧！

目录

人物介绍

范小宇

所属单位： 黎明小学实验社

观察报告：

· 在练习实验中，因为许大弘对他所讲的一句话，开始对自己做实验的理由感到困惑。

· 为了安慰心怡而准备了一封书信，并在草丛中找到了一份特别的礼物。

观察结果： 虽然对科学原理或相关名词的了解有待加强，但通过卓越的观察力与领悟力，在黎明小学实验社内扮演着不可或缺的角色。

江士元

所属单位： 黎明小学实验社

观察报告：

· 不同于以往喜欢一人独自做实验的习惯，开始懂得引导实验社的朋友扮演其应有的角色。

· 动脑筋想出比在精英院所学内容水平更高的崭新实验。

· 不动声色地反驳蔑视小宇的许大弘，开始展现出对黎明小学实验社的关怀。

观察结果： 开始认可小宇在实验中所扮演的角色与其重要性。

罗心怡

所属单位： 黎明小学实验社

观察报告：

· 虽然外表娇弱，但以对实验的强烈热情，赢得黎明小学实验社成员的信赖。

· 虽然因为实验服事件遭到禁赛而感到无比难过，但在复赛中给予队友们最大的支持与鼓励。

· 收到小宇送给她的一份礼物与书信后，决定重新振作起来。

观察结果： 体会到黎明小学实验社的朋友像水一般永远陪伴在身边，并认识到成员之间彼此强烈吸引力的重要性。

何聪明

所属单位： 黎明小学实验社

观察报告：

- 有条理地对笔记加以整理，以便将新的信息及时提供给队友。
- 因为勤做笔记的习惯，无形中增强了语言能力，再难的词汇也难不倒他。
- 期待能够担任跆拳道社的啦啦队队员。

观察结果： 以报告书和向对方提出十分尖锐的问题的方式，在比赛中赢得队友的赞许。

林小倩

所属单位： 黎明小学跆拳道社

观察报告：

- 在别人面前向来沉默寡言，但在小宇面前却像一只温顺的羊。
- 在跆拳道预赛中轻易击败对手后，立即赶往全国实验大赛会场为小宇加油。
- 尽管不懂实验，但仍然与校长一起积极为黎明小学实验社加油打气。

观察结果： 得知小宇崇拜的人是心怡后，受到莫大的打击。

艾力克

所属单位： 大星小学实验社

观察报告：

- 协助学生们深入了解实验的内容并自己解决问题。
- 为了安慰气馁的心怡，主动当起她的实验伙伴。
- 一方面很想打败柯有学老师，另一方面也付出极大的努力，希望能够成为像他一样的好老师。

观察结果： 告知心怡黎明小学实验社的意义。

其他登场人物

❶ 黎明小学实验社的精神支柱柯有学老师。

❷ 以不讨喜的口气与行动追随小倩的田在远。

❸ 无意间给黎明小学实验比赛提供灵感的许大弘。

第一部　第二次机会

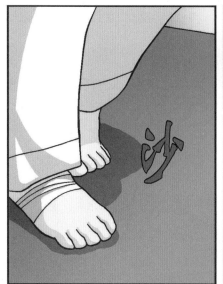

佩戴

绑

拉

我的名字是
林小倩！

15

第一场比赛全部结束了，现在就只剩下我们了。

等今天下午的比赛结束后，

只会剩下16所学校。

待会儿我们来做一个简单的练习……

嗯？

范小宇跑去哪里了？

天啊，不会吧？！我刚才明明看到他还坐在这里！

因为没有看到心怡，他一直显得坐立不安……

坐立难安

我看是去找心怡了吧！

他知道我们待会儿要练习，我想他等一下应该就会出现的。

……

这家伙，

该不会还在担心心怡吧……

嗯？

起身

没有，我随便说说而已。

……

比赛会场

咚

19

寻人地图

人不在宿舍！

也不在休息室！

又没有来比赛会场……

休息室

宿舍

比赛会场

文具店

超市

网吧

游乐场

到底是去哪儿了呢？

连个女孩子都照顾不好，我真是没用啊！

我没有资格……

嗯？

……

心怡……

惊吓

小宇？

心怡的那位朋友啊！

心怡，原来你在这里啊？

21

22

对不起哟，待会儿我要回休息室集合。

太好了。

反正我也不需要你。

走吧，心怡。

嗯。

熊熊烈火

臭小子！

可恶！

不过，心怡怎么会露出笑容呢！

这代表我根本没有能力安慰她吗？

坐下

刺到

哎呀！

24

实验1 多层鸡尾酒

调制鸡尾酒就像变魔术，在调酒师的巧手下，酒杯中会出现多层的色彩，这是因为不同的密度造成的。密度是指单位体积的质量，所以当两种物质的体积相同时，密度越大则质量越大，而其所受的重力也越大。当几种不同密度的液体混合在一起时，就会因密度差而产生分层现象。在此，我们就利用密度差来调制一杯漂亮的鸡尾酒。

准备物品： 空的养乐多瓶6个 、高脚杯 、滴管 、养乐多 、牛奶 、橙汁 、汽水 、纤维饮料 、水蜜桃罐头汁

❶ 将6种饮料分别倒入6个清洗干净的空养乐多瓶中，并且高度相同。

❷ 先将装在养乐多瓶中的水蜜桃罐头汁慢慢地倒入高脚杯中。

❸ 接着用滴管将养乐多、纤维饮料、橙汁、汽水、牛奶依次沿着杯壁缓慢地滴入高脚杯中。

❹ 各种颜色的饮料不会混杂在一起，而是呈现出多层，鸡尾酒完成了。

同样是液体的各种饮料之所以不会混合在一起,其原因在于每一种饮料的密度各不相同。按照密度由大到小排序,依次为水蜜桃罐头汁、养乐多、纤维饮料、橙汁、汽水、牛奶。只要小心地倒入,密度大的物质会因为重力的影响而往下沉积,密度小的物质则会停留在上方,从而呈现彼此不会混合的多层次效果。

实验2　吸管潜水员

物体在水中会受到与重力方向相反的力,这种力就叫作浮力。浮力是液体作用于物体的力(向上的力),当物体没入水中时,其浮力与它排开水的重量相同。举例来说,假如不考虑饮料瓶塑料的厚度,把空的饮料瓶完全压入水中时,其浮力与装满饮料瓶的水的重量相同。当浮力大于重力时,物体会浮出水面,反之则会往下沉。在此,我们要通过一个简单的实验,进一步了解浮力的原理。

准备物品： 可弯式吸管 、透明的塑料饮料瓶 、黏土 、橡皮圈 、
　　　　　剪刀 、水

❶ 用剪刀裁剪吸管,保留可弯部分,再用橡皮圈捆绑。

❷ 用适量的黏土贴在吸管底部(但不可堵住吸管口),当成"潜水员"。

装饰用的吸管

❸ 将透明的塑料饮料瓶装满水。

❹ 调整黏土的量，让吸管顶部能稍微露出水面，并旋紧瓶盖。

❺ 当用力挤压塑料瓶瓶身时，"潜水员"会往下沉；当把手放开时，"潜水员"则会往上浮起。

这是什么原理呢？

在这个实验中，当用力挤压塑料瓶瓶身时，瓶中的水会进入吸管里面，导致吸管中空气的体积被压缩，浮力跟着减小，因而破坏了原本的平衡状态。此时，因为重力大于浮力，原本漂浮在水中的"潜水员"便会往下沉。

相反，当把挤压瓶身的手放开时，压力便会消失，水则会从吸管排出去，导致吸管中空气的体积增大，浮力也会变大，进而使"潜水员"往上浮起。

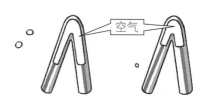

施加压力前
吸管中的空气呈现体积大、浮力大的状态。

施加压力时
吸管中的空气呈现体积小、浮力小的状态。

第二部　实战前的练习

由两个锥形瓶、两个橡皮塞、

水、丙酮、两个烧杯、盐、药匙、

两个漏斗、滤纸，以及漏斗架所构成的过滤装置。

橡皮塞2个

丙酮

锥形瓶2个

烧杯2个

丙酮

盐　药匙

滤纸

漏斗2个

漏斗架

利用这些实验物品来探究溶解现象和溶液、溶剂、溶质的定义。

溶解、溶液、溶……溶……嗯……

头晕……

哼

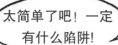

37

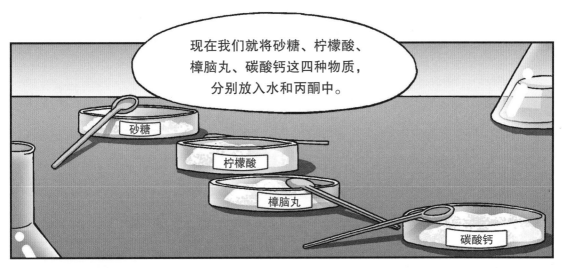

现在我们就将砂糖、柠檬酸、樟脑丸、碳酸钙这四种物质，分别放入水和丙酮中。

砂糖

柠檬酸

樟脑丸

碳酸钙

好！我来负责水。

砂糖

装有水的锥形瓶

那我来负责丙酮。

装有丙酮的锥形瓶

四种都已经充分摇过了。

为了好作比较，把溶质相同的放在一起吧！

好啊！我也完成了。

丙酮

水

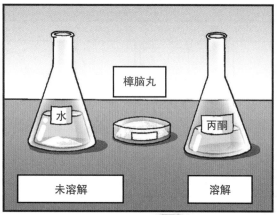

你们知道碘化钙水溶液、甲基蓝水溶液、氯化钠水溶液的共同点是什么吗?

也就是说,溶解的物质会随着溶剂而有所不同,同时制得的溶液名称也会不同。

碘化钙
甲基蓝
氯化钠

据我所知,这三种都是将呈粉状的物质加以溶解!

而水溶液指的就是液态嘛!

所以这三种都是溶剂为水的溶液?

没错,水溶液是指溶剂为水的溶液。另外常见的溶剂还有酒精和苯。

点头

现在应该清楚了解溶质、溶剂、溶液的概念了吧?

哇

嗯,非常清楚。

这是……
溶质砂糖

溶解于溶剂水，进而变成糖水溶液！

溶质 + 溶剂
溶解
糖水溶液

这是溶质樟脑丸溶解于溶剂水……

啊，不对，是溶解于溶剂丙酮……

小子啊，不必这样逞强吧！反正你也不会懂，又何必死记硬背呢？

他真的不懂啊？

哼，这也太差劲了吧！

你知道樟脑丸就是用来杀死你这种害虫的杀虫剂吗？

不小心闻了它，可能会导致你头痛哟！

给我拿开！

我才懒得跟你们这群人一般见识。

残留在水中的樟脑丸要过滤后沥干；而溶解于丙酮的樟脑丸则要放置于通风的地方使丙酮挥发，这样才能避免危险！

小心一点！

他就是黎明小学的江士元？

果然不同凡响。

生气

水就直接倒掉，

丙酮则……

搖动

溢出

嗯……？

嗖嗖嗖

45

水

咦?!

丙酮

嗯……
很奇怪!

你说什么东西
很奇怪?

?

水滴下来之后
会变成球形,
但丙酮则会往
旁边散开!

会不会是丙酮像臭鸡
蛋一样坏掉了呢?

这是……

呆

他怎么会
发现这种微妙
的差别呢?

嗯?

什么嘛，原来你也不知道啊？

得意

液体具有一种使表面积收缩的力量，这种力量就叫作"表面张力"。

这是表面张力不同所致。

表……表面什么力？

我想你应该是第一次听到这个名词吧？

什么？你以为我连水滴会呈圆形都不知道吗？

发飙！

这么厉害呀！那你应该也知道与表面张力有关的水分子的特征啰？

我可以请你说明一下吗？

水分子的特征？难道水滴呈圆形与水分子的特征有关？

这下我该怎么办呢？表面张力可是我今天第一次听到的名词！

呵呵呵呵

气炸

臭小子，明知道我不懂，还要故意整我！

之所以会产生表面张力，

是因为液体表面的水分子相互吸引的力量使其表面积有收缩的倾向。

同时，液体表面的水分子被内部的分子引力所吸引，这股吸引力的方向是指向液体中心的，所以水滴才会呈现圆形。

而水分子的这种吸力，是丙酮分子的三倍之多。

水跟水之间的吸力有这么强？

照你这么说……

这种事情岂不是不可能会发生？

放！

看来你是真的不懂呢！我这就示范一个你这种笨蛋也能看得懂的实验。

首先将一张纸

放在水面上！

沙……

放置

来，范小宇，这张纸为何会浮在水面上？

吞吞吐吐

那是……

因为它是纸嘛……

那是因为纸的密度低于水。

密……密度？

呼……

我注意到刚刚你一直替他回答问题。好啊，那也请你回答一下这个问题！

他这个家伙凭什么能够混进实验社并且还能参加比赛？

我……我进实验社的理由？

……

……

你也不清楚吧？是你糊里糊涂地把他带到这里来的。

更离谱的是，连他自己都搞不清楚自己为何在做实验。

什……什么？

你这家伙说够了没？

抓

你在干吗？给我放手！

摇头摇头

黎明小学实验社就如同这一杯水。

装在叫作江士元的水杯里时，还能勉强保持原有形状，

推

但一旦没有了水杯，其形状就会完全消失无踪。

洒满地

改变世界的科学家—— 阿基米德

阿基米德是古希腊的数学家、物理学家、天文学家。他创造了机械学和流体力学，同时也发现了杠杆定律和阿基米德定律（浮力原理），引入重心的概念，并提出精确确定物体重心的方法。

阿基米德

古希腊最伟大的学者，他发现的浮力原理对近代流体力学研究贡献极大。

他是如何发现浮力原理的呢？故事是这样的：有一天，叙拉古国王命令一名工匠制作一顶纯金的王冠。然后国王将阿基米德找来，要他在不损坏王冠的前提下，设法鉴定出王冠是否掺杂其他金属。阿基米德回家苦想了几天也没想出办法，既吃不下饭也睡不好觉。有一天，他在洗澡的时候发现，当他的身体沉入浴盆里的时候，一部分水会从浴盆边溢出，而且他入水越深，排出的水越多。"找到了！找到了！"他跳出浴盆，欣喜地大喊。阿基米德立刻进宫，在国王面前做了一个实验。他将与王冠一样重的金块、银块和王冠分别放在装满水的水盆里，只见金块排出的水比银块排出的水少，而王冠排出的水比金块多，表示王冠的体积比金块的体积大，也就表示王冠的密度和纯金不同，从而证明王冠并非纯金打造。

使用用杠杆原理做成的滑轮，我们就可以轻易搬运重的东西。

在圆筒水管内安装呈螺旋状的转轴后，将一端放入水中使之旋转，就能轻松地汲水哟！

支点

阻力点

动力点

支点

动力点

阻力点

100t

地球上的水中，海水占98%，除去冰河后，

人类可以使用的水不到1%。

随着全球人口持续增长，水资源显得严重不足。不少缺水国家的儿童因为饮用被污染的水，导致罹患传染病而死亡。

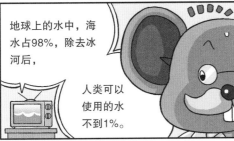

人类若是有正确的用水观念，就不会发生这种悲剧了，可惜没人在乎……

请您先以身作则好吗？您怎么可以开着水龙头看电视呢？

省水的方法其实非常简单。只要在马桶水箱内放入一块砖头，就可以调整水的流量哟！

只要一块？

刷牙时，尽可能使用水杯；洗碗时，应避免一边开着水龙头一边洗碗。

也应减少洗洁精的使用量。

还有，洗衣服时尽可能累积到最大量时再洗，这也是一种省水的好方法哟！

哎呦，水箱内塞满了砖头，我没办法冲水啦！

第三部

戴眼镜的少年

自助餐

......

更离谱的是，

连他自己都搞不清楚自己为何在做实验。

狼吞......虎咽

噎！

笨蛋！

你就不要在我面前逞强了，好不好！

饭粒会卡在喉咙，也是因为你受到了打击嘛！

是这样吗？

唉，说真的，

许大弘那家伙把我们当作白痴看待，又不是一天两天的事了……

什么叫我们？不是我们，是你……

挖

更让我生气的是士元那家伙！

士元又怎么了？

你没看到许大弘在嘲笑我们时，

他连一声都不敢吭吗？

砰

64

这意味着士元也默认大弘的看法！

否则以他的个性怎么可能视若无睹。

那是……

因为许大弘讲的话不无道理啊！

……

像你这种人，能够加入实验社又能参加比赛，我也觉得不可思议。

什么叫我这种人？

现在就连你也看不起我！我加入是有目的的！

我是跟随我崇拜的人加入实验社的！

为了那个人，我要成为实验王，

改变我在她心里的形象，

让她刮目相看！

我今天刚比完一场预赛，离正式赛事还有一段时间。

害羞

我是来看你……不，我是来看我们学校的实验比赛的。

听说小倩……

原……原来如此。

你正在找什么东西啊？

当初我加入实验社的目的，

叹气

或者迈向目的地的过程。我想应该是在找这一类的吧！

你说……它真的会在这一片草坪里？

小倩……

你打跆拳的理由是什么？

我打跆拳的理由？

听我妈说，当年她在怀我时梦到上天赐给她一面金牌，再加上我出生时又狠狠地踢了我爸一脚。

其实，我小时候就擅长足球、游泳、田径、棒球、溜冰等等很多项运动！

最后，我选择了跆拳道。直到那时我才知道，我是为了跆拳道而生的。就像这样！

踢

掉落

踢！

啪⋯⋯⋯⋯

呃⋯⋯我的眼镜！

没有了眼镜，我什么都看不到呢⋯⋯

寻找

寻找

你的眼镜在这里。

谢谢你，小宇。

寻找

寻找

如果拿下眼镜，眼前会一片模糊。

哼，这也不是。

嗯。

那你比赛时不是就要很小心，以免眼镜掉落而输了比赛？

为了安全起见，比赛时通常会佩戴特殊眼镜。不过……

我在比赛时，通常不会佩戴任何眼镜。

你不是说没戴眼镜就什么都看不见吗，那你又是如何赢得比赛的？

那是……

认真

对我而言，你是一个很特别的人。

火大

你果然不记得我了。

你到底是谁？

这也不能怪你，要怪就怪我变得比小时候更帅气、更俊俏，

又特别有型。

虽然感到有点难过，但我记得很清楚，飞翔幼儿园的小班同学，林小倩。

我是你的同班同学田在远。

......

我是上过飞翔幼儿园，没错，但我完全不记得你。

当时的我，扮演替外星人保护他们名誉的角色。

图片日记 XXXX年5月20日

他是外星人。

飞翔幼儿园

画得很好。

75

这么说，你是真的见过外星人啰？

嘲讽 嘲讽

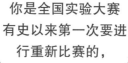

你是全国实验大赛有史以来第一次要进行重新比赛的，

黎明小学的范小宇同学！

你认识我？难道我也曾经帮助过你吗？

嘿？

你想太多了。

我们两个素未谋面。

我之所以认识您，是因为我也参加了全国实验大赛。

认真……

倾身

在上一场比赛中，贵校虽然以38.5比37.5获胜，却因一张来路不明的纸条，今天得和大海小学重新比赛。

他竟然记得连我都记不起来的分数。

还有，你干吗对我用敬语啊？

这只是面对陌生人时的礼貌。

嚓

我记得贵校再过37分30秒就要参加比赛了，而你竟然还待在这里，

由此看来，你正在寻找一样非常重要的东西。

我得赶快去跟队友会合了，否则会来不及。小倩，我们改天见！

嗯！祝你好运哟！

我会……

脸红

为你加油的，小宇……

小倩，要不要我陪你一起去比赛会场呢？

这位同学。

沙沙

个人练习室

可以睁开眼睛了吗?

嗯。

……

黎明小学的比赛马上就要开始了,你真的不去看吗?

……

我……
只会带来麻烦。

都是我不好，
害他们要跟同一所学校
再比赛一次。

这次我不想带给
他们霉运……

……

盖住

既然如此，
你就留下来帮我做实验吧！

嗯嗯。

嗤

你知道溶解
在水中的是什么
吗？

只凭外观很难看得
出来，好像只是
一杯水呢！

对，它有可能只是一杯纯净的水。

不过，这确实是某种物质溶解在其中的溶液。

1.砂糖，2.盐，3.碘化铅，4.碳酸钙。

你猜是哪一个？

……

嗯……

嗯……

给你一个提示。

溶解在水中的物质会随着时间而自动显现哟！

会随着时间而自动显现？

注[1]：定温定压时，在100克溶剂中所能溶解溶质最大的质量，称为该溶质在这种溶剂中的溶解度。

注[2]：定温定压时，溶液中的溶质浓度大于溶解度的溶液，称为过饱和溶液。此时的溶液处于过饱和状态。

找出水中该物质的方法是……

降低水的温度!

……

将烧杯置于装有冰块的容器中,

注[1]：碘化铅的水溶液呈淡黄色，但其浓度极低时，接近无色。

你不愧是我所有学生中最棒的一个。

托你的福,我的实验也成功了。

你的实验?

嗯。我正在观察学生们对实验的反应,以及寻找答案的过程。

一切都是为了让自己变成一个优秀的老师。

哇,你竟然会做这种研究,真是了不起!

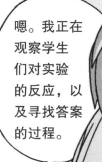

你过奖了!

真正了不起的,是完全融入那个实验。

就像完全溶解在水中的

碘化铅一样，

融入并成
为一体。

嗯，有的时候，
实验真的会让人完全
融入其中。

尤其是你的实验，
会让很多学生非常
容易融入啊！

但是，跟世界上拥有最
佳溶解度的物质相比，
我还是小巫见大巫。

嗯？

可溶解碘化
铅、砂糖和
盐的物质，

也是可溶解
物质种类最多的
最佳溶剂！

88

哇，真的！ 怪不得水会这么重要。

所以啊……

水会让我联想到某一种事物。

那是什么？

那会因人而异。心怡你应该也会联想到什么吧？

想一想水的特征。

它总是在我的周围。空气中也含有微量的水分。

它的形态会随着环境而改变，形状也会因容器的形状而改变，

但本质则不会改变。

而且，它具有能与许多物质结合，并使之溶解的能力。

人体与水的亲密关系

开启古代人类的文化与历史的世界四大文明古国，皆诞生于大河流域，这是因为水在人类的生活中扮演着极为重要的角色。成人体内的水占体重的60%~70%，这就充分说明了水的重要性。人体内总会维持着一定量的水分，正常人每天通常会摄取、排出约2.7升的水，并借此进行输送养分、调节体温、排出代谢废物等重要的生命活动。

维持生命

水是维持人类生命的重要的元素之一。人体只要缺乏体重的1%~2%的水分，就会感到口渴；缺乏5%，便会陷入昏迷状态；缺乏15%，则难以维持生命。人类在没有进食的状态下，仍可维持一个月左右的生命，但在没有喝水的状态下，生命却仅能维持约一周。

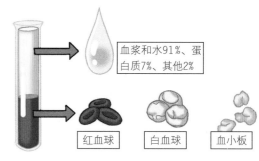

血浆和水91%、蛋白质7%、其他2%

红血球　白血球　血小板

构成血液

血液是不透明的红色黏稠液体，在人体血管内持续流动着，负责运送水分、养分及输送各种激素，供应至全身各个细胞，并将代谢物输送至肾脏。血液之所以能够从事这项工作，是因为在血液中80%以上的成分是水。

TIP 生物与水

水在植物或动物体内也占有极大的比例，所以也是动植物生存的必要元素。以生活形态与人类相似的哺乳动物为例，其体内水分比例与人类几乎相同，只是因生活环境不同而有些许的差异，详见下图。植物体内水所占比例更高，这是因为植物以维管束的根部吸取地底下的水分，水分进入维管束之后就相当于人体的血液，进行物质运输和新陈代谢，所以大多数植物更难离开水而生活。

大象70%　鸡74%　青蛙78%　水母95%　香蕉75%　番茄94%　西瓜97%

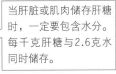

为了让体温维持在36.5℃，一天约有1千克的水分会通过皮肤与呼吸器官向体外蒸散。

当肝脏或肌肉储存肝糖时，一定要包含水分。每千克肝糖与2.6克水同时储存。

之所以会感到口干舌燥，是因为口腔与食道的黏膜干燥，此时失水量已达到体重的1%～2%。

肾脏具有调节水分的功能，并依据水摄取量的多少进一步调节尿液的排泄量。

关节腔内的关节液和子宫内的羊水等，可在人体受到外部撞击时扮演缓冲的角色。

消化器官的水协助消化酶的作用，并通过水分将体内代谢废物排出。

调节体温

一般来说，人体的体温大多会维持在36.5℃左右。体温过高时，体内蛋白质的性质会产生变化，并且会转变为其他物质，进而对由蛋白质所组成的酶或激素的活动造成影响。为此，当体温上升时，人体会通过流汗来进行将热向体外释放的活动。而汗水的99%为水，其余主要为盐。水通过转变为水蒸气的过程来吸收周围的热，通过从皮肤蒸发的过程吸收人体的热，进而调节体温。

排出代谢废物和水

携带代谢废物的血液，会在肾脏里进行筛选血液中大分子物质、排泄小分子物质的过滤过程，以及再次吸收必要物质的重新吸收过程，并将最后剩余的（没有用的）代谢废物与水一起排出体外，这就是尿液。通常我们会观察经过上述过程排出体外的尿液的颜色或状态，来进一步掌握身体的健康情况。古埃及人就是从尿液里是否带有甜味，来判断病人是否患有糖尿病的。

第四部

正面对决

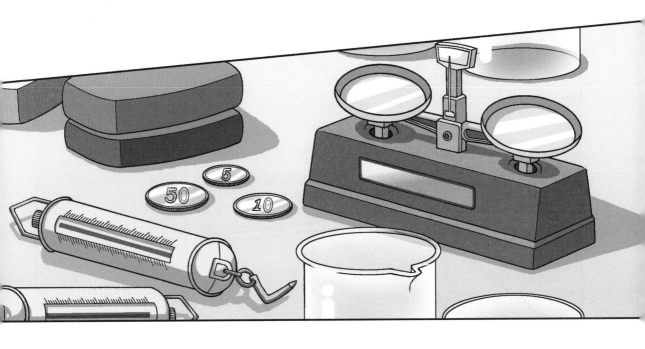

心怡说过……

吃惊

叹气

她今天想要自己一个人练习，

所以应该是不会到场观战的。

想不到得留下心怡一个人，就我们几个比赛……

闷……

你不觉得还好只是停赛一场吗？

即便是一场，打击应该也很大。

我太了解她那脆弱的个性了。

你们不必担心她的事情。

你这是什么意思？

预赛时发生的事件……

她比我们任何一个人都要坚强。

你们忘了预赛时发生的事件和校庆表演吗？

你是指心怡因为自己的失误而万分自责的那一场区域决赛吗？

没错！

啪

记得！当时我们还以为实验社会因此解散，都垂头丧气……

但心怡……

你们也不希望实验社就此消失吧？如果我们在校庆时做一场精彩的表演，

我相信校长也会考虑保留实验社的。

反倒鼓励我们，使我们得以重拾一线希望！

点头

呼……

咔哒

太……太好了!
及时赶到了。

心怡!

喘气

喘气

我就知道
你会来!

对不起,
我迟到了。

记住……

一定要赢得
这场比赛哟!

珍贵的朋友们,
还有实验。

我也……

很希望能够跟大家一起参与第二轮比赛。

心怡……

点头

……

拜托啰!

那当然，别担心!

耶

交给我吧!

哇

黎明小学!请各位准备入场。

咔嚓

哗哗

哗哗

好，大家准备好应战了吗?

是!

你们要加油哟!

顿住

啊……对了!

102

好不容易拼到了这个地步，不可以输！

绑紧

吃惊

呃……校长。

言之有理。黎明小学，不败之神！加油加油加油！

绑紧

嗯，小倩你也来啦！

是……

行礼

呃，天啊！等一下！

你怎么可以在这里呢？那跆拳道比赛怎么办……？

你难道不知道我也很重视跆拳道比赛吗？这到底是怎么回事？

校长，我……

两校的重新比赛，现在正式开始。

哦哦哦

耶耶

黎明小学加油！

不败之神！黎明小学！

黎明小学实验社，我爱你们哟！

啊，是心怡！

太好了！她在笑呢！

嘻嘻

小宇……

……？

好，目前场上是由于重新比赛而再度交手的大海小学实验社和黎明小学实验社。

是的。虽然大赛调查委员会已经还给黎明小学一个清白，但为了公平起见，还是决定重新比赛，比赛主题也有所更改。

由于黎明小学的一位选手遭到停赛一场的处分，

所以今天只有三位选手参赛。

是的，而今天的比赛主题也重新选定。

是的！这可是大赛为应对此事件而临时做出的决定。

哈哈

基于评分的公正性，监考官也有所变动。

比赛的评分方式完全比照之前的模式。

场地中央备有各项准备物品，评分方式则分成三个部分，先将两位副监考官的分数相加并取平均分数后，再加上主监考官的分数，总分60分为满分。

这次的比赛主题是……

唰

水的力量

唰

好！
我们先来决定实验主题，并开始准备物品吧！

好！
关于水的实验可多得很。

那么……

该选哪一种实验呢？

安迪！

咚

密度……

告诉我，这张纸为何会浮在水面上？

你知道密度是什么吗？

物质的单位体积的质量！

这些我也知道……

船、鱼，以及人在水中之所以能浮起，都是因为受到浮力的作用。

我认为这会是一个不错的实验主题。

不过，该做哪一种与浮力有关的实验呢？

我在精英院做过一个不错的实验，就是先将三种不同的硬币分别藏在黏土里，再利用浮力猜出硬币的种类。

大海小学也在拿跟我们一样的准备物品!

……!

没错,这是我们在精英院一起做过的实验,他一定也想到了!

这下怎么办?还来得及吗?要不要我现在就过去拿?

不行!做一样的实验也就罢了,但我们已经晚了对方一步,一定又会被怀疑的!

要想出别的实验才行!

该做什么呢?

这家伙又在一个人烦恼！

我们又帮不上任何忙了！

思考〇〇〇〇〇

假如没有了士元，黎明小学实验社还能继续存在吗？

哼！果真验证了许大弘讲的是对的！我是一个连密度、分子结构或表面张力都不懂的……

你知道密度是什么吗？你知道分子结构的特征是什么吗？

啊，有了！

江士元！如果说浮力是水的力量，那表面张力是否也是水所具有的力量？

表面张力？

没错吧？

浮力是向上推升，

表面张力则是相互吸引！

嗯……

不同于重力，浮力是将物体向上推升的力量，

而表面张力则是一种水分子相互吸引，使表面积收缩的力量，所以可以这么说。

原来如此！

113

10比11？以比例来说，应该是像8比11，非常不利才对吧！

言之有理。

没有火柴呢！

我去拿。

嗒嗒嗒

这个可以吗？

吃力

怪不得黎明小学看起来比大海小学更加忙碌。

加油啊！

哟

啊！在我们转播的同时，大海小学已经进入实验了。

咚 咚

是的！令人期待呢！

啊！我们看到郑安迪同学正闭着眼睛背对着其他队友呢！

哗哗 哗哗

压紧

沙沙 50

沙沙 70

拿

压

插

其他三位队友拿起三种不同的硬币，

分别插入不同颜色的黏土块里面。

而郑安迪同学则没有看这个过程。

转身

啊！现在他要转身了。

现在三块黏土的质量全部一样了。

到底会用什么方法来猜出隐藏在其中的硬币种类呢?

就是浮力!

哦,若是浮力,可是非常符合今天的比赛主题"水的力量"呢!

是的。不同于重力,它是一种使物体向上的推升的力。

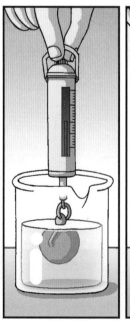

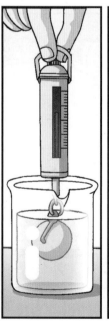

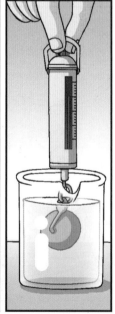

啊！明明是把质量相同的黏土块放入了等量的水中，但水位却有了完全不同的结果，而且重量也全都不同了。

这是因为浮力会随着物体的体积而改变，因此可借由水位的高度差来了解黏土块和硬币的浮力，是这样吗？

是的，正是如此。

质量除以体积后的值，就是密度。

100g硬币的体积	100g黏土的体积

而即便是具有相同质量的物体，其体积也会因密度不同而有所不同。质量相同时，密度越大则体积越小。

由于黏土的密度明显低于硬币的主要材料铜，

因此，就体积而言，藏有金属含量最多的50元硬币的黏土体积最小，

藏有5元硬币的黏土体积最大……

怒气

所以……

校长，到底藏有5元和50元硬币的差别是什么呢？哪一种在水中的重量会更重呢？

那又怎么样？

气炸

你……你说什么？

我没有听到。

干咳 干咳

你是实验社的吧？

惊吓

盯视

据我所知，应该是在最重的那一块里面藏有50元的硬币。

为什么？

贴近

那是因为浮力。

而浮力的大小会随着体积而改变……

搞什么嘛！

浮力它凭什么如此善变？

没错！浮力它很善变！

沙 沙……

第四，黏土和铜的密度。质量相同时，黏土由于密度比较小，体积会比较大。

相反，铜则由于密度比较大，体积会比较小。

也就是说，即使黏土块的质量全部相等，体积还是会随着密度而各不相同。

而在三个黏土块中，藏有金属含量最少的5元硬币的黏土块，其体积是最大的。

综合以上论点，由于藏有5元硬币的黏土块体积最大，所以受到的浮力也最大，

所以放入水中时，便会呈现水位上升最高的状态。

问题来了！

既然单凭水位升高的多少，就能够得知隐藏在其中的硬币种类，那又何必多此一举，进一步测量黏土块在水中的重量呢？

这里面可是暗藏了进一步提升实验水平的意图。

原来如此！

哼！卑鄙无耻……

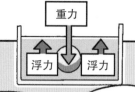

重力

浮力　浮力

浮力跟重力是方向相反的力。

重力是向下拉的力，

浮力是向上推的力。

在水中的重量，则是随着浮力的大小而改变的。

浮力越大，被水支撑的力量越大，因此物体在水中的……

重量会变轻！

我懂了！总而言之，由于

藏有5元硬币的黏土块体积最大，受到的浮力也最大，所以在水中是最轻的啰！

而藏有50元硬币的是最重的！

您刚刚不是说听不到吗？

原来如此。的确是一个不简单的实验。

是的，而且他们的表现也很出色。

虽然实验过程都表现得很出色……

但还得看实验结果，才能够分出胜负。

水的电解实验

实验报告	
实验主题	通过水的电解实验，进一步确认水分子是由氧原子与氢原子以1∶2的体积比结合而成的。
准备物品	❶电解装置　❷烧杯　❸鳄鱼夹电线　❹干电池　❺火柴　❻氢氧化钠水溶液（蒸馏水+氢氧化钠） 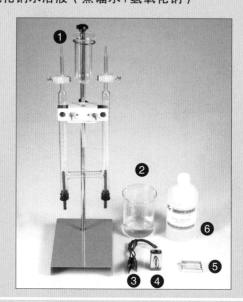
实验预期	电解水时，氧与氢以1∶2的体积比分别在正极与负极两端聚集，这一点可由火苗分别靠近二者时的反应进一步了解。
注意事项	❶氢氧化钠水溶液为强碱性物质，具有高危险性，使用时请特别小心，避免直接接触皮肤。 ❷电压不足时，可能难以确认实验结果，所以请使用电压高的新电池。 ❸把火苗或火花等靠近气体时，脸部应远离火源和气体，以避免受伤。

实验方法

1. 将氢氧化钠水溶液倒入烧杯里。（配制方法：在放入氢氧化钠5.85g的烧杯内，慢慢倒入蒸馏水，并均匀搅拌，使总容量达到100mL。氢氧化钠能够提供大量的离子，使电解更迅速。）

2. 将H型电解池上方的阀门（2个）打开，并用漏斗将氢氧化钠水溶液慢慢倒入H型电解池中，直至液面到达阀门，然后关紧阀门。

3. 利用鳄鱼夹电线分别连接H型电解池的两端与干电池的正极和负极，接着就可以观察到在连接电极的H型电解池内部产生气泡，这就是电解现象。

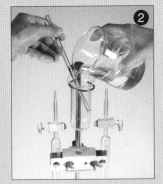

4. 当产生的气体聚集在H型电解池两端上方时，先比较电解池内的水位，再开启两旁的阀门，并将点燃的火柴靠近管口。

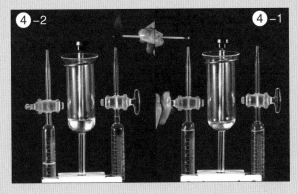

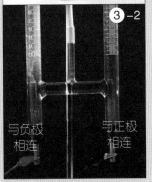

与负极相连　　与正极相连

实验结果

相较于连接负极的H型电解池，连接正极的电解池内水位会较高而气体较少。此时，将点燃的火柴靠近负极时，会听到"砰"的一声，而将快要熄灭的火苗靠近正极时，火苗则会重新旺盛燃烧。

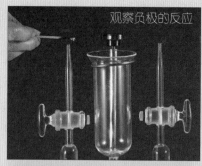
观察负极的反应

观察正极的反应

这是什么原理呢？

属于纯水的蒸馏水虽然极难导电，但能在其中溶解导电物质（电解质），例如氢氧化钠就可以使水溶液具有导电性。水分子是由两个氢原子与一个氧原子结合而成的，进行电解时，便会在电极处放出氢气与氧气。氢气产生于电极的负极，氧气则产生于电极的正极。进一步比较聚集在H型电解池中的气体体积时，我们可以发现，和水分子中的原子结合比例一样，氢气的体积会比氢气多出一倍。氢气具有可燃性，因而会使点燃的火柴发出"砰"的一声；氧气具有助燃性，因而可以使快要熄灭的火苗重新旺盛燃烧。

度假就是要亲近大自然！

为何我就不能去度假呢？

因为我是博士，而你只是一个助理啊！

哇！怎么会这么臭？你竟然拿一杯坏掉的果汁给我喝！

这是污染的湖水所散发的味道！

这一定是污水造成的！

造成河川水质污染的元凶之一，就是废水中所含的合成洗涤剂。

洗涤剂　肥皂　洗发膏

在合成洗涤剂中产生的泡沫及磷盐，会影响净水作用及产生富营养化的现象。

再者，丢入水中的各种垃圾不仅对鱼类和鸟类的生命安全造成极大的威胁，同时会促使浮游生物和红藻数量增加，让水域呈现红色。因此，请勿将垃圾丢入河流或大海之中。

今天因人类而污染的水，终究会变成明天人类将饮用的水。尤其是由工厂排放出来的废水，大多含有大量的重金属，不仅造成水质污染，更会对生态系统和人类的生命带来重大威胁。请大家一起来关心地球。

个人与团队

133

在两个水盆内倒入等量的水，

分别将胡椒粉洒在水面上，使两边水盆呈相同条件。

沙沙沙

然后，在其中一支火柴的尾端涂抹洗洁精。

洗洁精

好，范小宇！你来告诉我这张纸为何会浮在水面上？

假如把这两根火柴放置在水面上，你猜会发生什么情况？

我认为没有涂抹任何东西的火柴的密度比水小，因此会浮在水面上。

密度差

表面张力

浮力

没错。胡椒粉或火柴之所以能够漂浮在水面上，

是由于密度差、浮力，以及表面张力所致。

涂有洗洁精的火柴

一般火柴

也可以降低水和油之间的表面张力，使得油可以溶入水中！

这也就是我们将洗洁精或肥皂称为表面活性剂的缘故。

洗洁精的分子与水分子结合后，会使水的表面张力减弱，

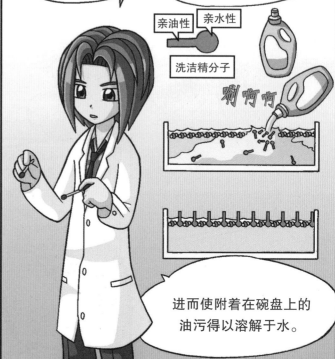

亲油性　亲水性

洗洁精分子

唰啊啊

进而使附着在碗盘上的油污得以溶解于水。

也就是说，涂在火柴上的洗洁精会使表面张力减弱，进而使火柴和胡椒粉往下沉啰？

？

嘶嘶……

那么……

等一下，要是火柴在漂浮的状态下，火柴和水的密度都没有改变的话，

应该不会因为表面张力的减弱而就这样往下沉吧？

有可能。

转头

表面活性

表面张力

当涂抹在火柴尾端的洗洁精促使该处的表面张力减弱时，水分子对火柴尾端的吸力会随之减弱，

而火柴前端之所以会向前推进，则是因为表面张力在火柴前端仍然保持不变的缘故。

言下之意，就是没有涂抹洗洁精的火柴头部有较大的吸力，才会出现这种结果啰？

没错。现在应该了解了吧？

报告的进度应该没有问题吧？

没问题！从实验方法到结论，

我都整理好了。

好，很好！

嗯！

点头

点头

到此为止，黎明小学的表面张力实验也终于告一段落了。

当务之急，就是比赛时间结束前赶紧完成报告。

叹气

难道说表面张力……

这次两所学校分别以浮力和表面张力为实验主题，

进行了一场非常符合比赛主题"水的力量"的比赛。

从这一点就看得出来，两所学校都非常熟悉水的特性。

会输给浮力？

嗯？

乍一看，黎明小学的表面张力实验似乎显得有点单调。

这会不会变成他们无法得到高分的关键呢？

我是指就像跆拳道一样！当表面张力应战浮力时，到底是谁赢谁输啊？

虽然还没有看到结果，

但我认为……

科学实验比赛应该和跆拳道比赛截然不同吧？

我的意思是……

小倩的疑问并不在于浮力和表面张力在科学理论上的困难程度。

因为困难程度会依实验目的或步骤而随时改变。

小倩感到好奇的，

是哪一种实验能够取得高分而获胜！

废话少说！

好……好的。

摩拳擦掌

就实验来看，
任谁都会认为浮力实验确实略胜一筹。

吓！

因为大海小学不仅把理论应用于浮力实验，

更添加了趣味性，使得实验内容更加淋漓尽致。

反观黎明小学的表面张力实验，虽然详细说明了主题，却显得过于单调。

啊，你们看！
黎明小学……

起身

啊！

……！

哆

看来黎明小学的实验 尚未完全结束呢!

而且开始着手进行另一项实验了。

甘油

铁丝

水

洗洁精

吸管

原来如此。第一个是呈现洗洁精破坏表面张力的实验,

而现在则是为了呈现表面张力遭到洗洁精的破坏后,依然能够维持原状的实验。

这时候开始进行另一项实验会不会有点不妥呢?

恐怕会超出既定的比赛时间呢!

我想……

应该来得及。

微笑

好,这个是……放入洗洁精20mL、水40mL、甘油10mL、并加以混合的泡泡水。

洗洁精

甘油

而这些是利用铁丝做出来的道具,有星形、方形和三角形。

锵

好,现在开始!

我们将正式进行第二个表面张力实验。

嗯哼

145

请问，这次的实验内容是什么呢？

问得好啊！就是利用这些铁丝

制造出泡泡的实验。

就……只有这样吗？

是的。

只够写一行字啊！

嘿嘿

这个实验里，可是隐藏着表面张力的作用力。

啊，对！表面张力！

啪

等……等一下！

在第一个实验中，你提过洗洁精会破坏水的表面张力！

而这又是以洗洁精制成的泡泡水。

水

洗洁精

咕噜 噜

泡泡水

没错。不过这瓶泡泡水的表面张力，

因为洗洁精的影响而减弱了。

你先用星形吹出一个泡泡看看。

嗯！

扑通

由于洗洁精使得水的表面张力减弱，

促使空气可进入其内部。

呼呜呜

星飘浮

重要的是泡泡的形状。

这就是表面张力的作用力。

啊！我明明是用星形铁丝吹出来的呀！

即便是体积相同，其表面积的大小也会依形状而有差异。

你们瞧，它是一个球体。

表面积的大小？

举例来说，

图形	正四面体	正六面体	正八面体	正十二面体	球体
表面积	$721cm^2$	$600cm^2$	$572cm^2$	$530cm^2$	$483cm^2$

球体！

即便是容积同样是1000mL的容器，其表面积也会依正四面体、正六面体、正八面体的顺序递减。

而其中表面积最小的是……

体积相同时，球体的表面积最小。

没错。

在表面张力减弱的状态下，依然吹出了泡泡，

是因为液体中的表面张力依然存在，

为了尽量减少表面积，所以才会变成球体，对吧？

没错，这就是我们的第二个实验。

点头

好！那就来仔细地观察实验结果吧！

来！

扑通

扑通

扑通

用星形吹出来的泡泡，

还有三角形，

还有方形！

因为表面张力，泡泡都呈现球状。

哦哇

哦

但这次似乎不然呢。

目前两所学校都已经提交了报告，

正在等待评分结果。

我只能说，今天这场比赛果然又是一场激战。

是的。大海小学的实验是一个将理论加以应用的有趣实验，

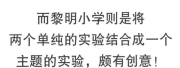

而黎明小学则是将两个单纯的实验结合成一个主题的实验，颇有创意！

就如您所说的，今天这场势均力敌的比赛，

其胜负关键应该不是实验内容的分数。

啊！大赛要公布评分结果了。

评分结果由监考官为我们发表。

沙

安静

不败之神

黎明小学：主审8分，

副主审分别为8分与7分，
总分为15.5分！

总分为12.5分！

黎明小学

副审	副审
7	6
8	

我……
我们领先1分了！

我没有算错吧？

没有！

最后是实验报告的
评分结果。

大海小学：
主审6分，副审6分与5分，
总分为11.5分！

大海小学			黎明小学		
实验内容	7	8	7	实验内容	6	7	6
实验态度	6	7	6	实验态度	8	8	7
实验报告书	6	6	5	实验报告书	5	6	6

黎明小学：

主审5分，
副审6分与6分，

总分为11分！

155

黎明小学选择的是可让三位成员共同参与的实验。

好棒

哈哈哈哈

而且，由三个人成功地分担了四个人的角色。

换句话说，

这一切都是我未经深思熟虑，又过于草率决定的错误。

我真的对不起大家。

……

不！我们能够有机会站在这里，都是托你的福！

……

没错！若不是你，我们根本没有机会来参加全国大赛！

没错！是我们对不起你。我们以后一定会更加努力的。

159

是啊，安迪。经过这次比赛，我们的确受益良多。

没错！

谢谢各位，我现在该收尾了。

对！这或许是另外一个开始。

江士元！

恭喜你。这场比赛是我太低估你们了。

谁会想到能使船浮起的浮力，竟然会输给区区表面张力呢？

你有没有搞错？怎么可以用"区区"来形容表面张力！

160

162

观察表面张力

	实验报告
实验主题	用肉眼观察洗洁精对表面张力造成的影响，并借此了解表面张力的原理和作用方向等。
准备物品	❶水槽　❷水　❸火柴　❹培养皿　❺胡椒粉　❻洗洁精 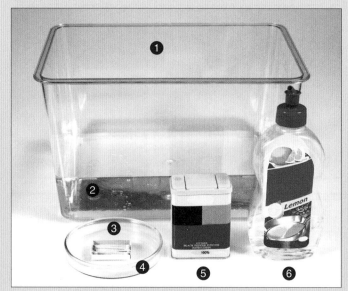
实验预期	当水遇到洗洁精时，水的表面张力会减弱，借此可观察浮在水面上的胡椒粉和火柴的动静。
注意事项	❶ 进行实验时，请喷洒微量的胡椒粉，以免产生结块而难以观察实验结果。 ❷ 请将火柴放置于水槽的正中央，以便观察动静。

实验方法

❶ 在水槽内装约一半的水，并将胡椒粉均匀喷洒在水的表面。
❷ 将洗洁精涂抹于火柴的尾端。
❸ 将火柴小心翼翼地放置于水槽内的水面上。

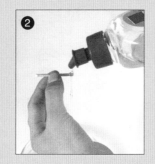

实验结果

火柴会往头部的方向移动，而在火柴尾端附近的胡椒粉，则会扩散至水槽边缘。

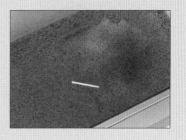

这是什么原理呢?

　　所谓表面张力，是指由液体表面的水分子相互吸引而产生的使液体表面积收缩到最小的力。雨珠或水珠之所以能够变成球形，也是表面张力作用的缘故。洗碗时不容易用水去除的油污之所以能够被洗洁精水冲洗，是因为洗洁精破坏了水分子之间的表面张力，从而使油与水能结合而脱离碗的表面。洗洁精虽然能够破坏火柴尾端附近水的表面张力，但其他部分的水依然存在着表面张力作用，所以火柴因为吸力而往表面张力较大的方向移动，而浮在火柴尾端附近水面上的胡椒粉则因洗洁精使表面张力减弱而扩散至水槽的边缘。

第六部

做实验的理由

呃！麻烦你们等我一下……

这里没有人不知道你刚才是跑去上大号了！

吉鲁鲁鲁

大吼

大叫

点头

好，既然都到齐了，我们就去练习室吧！

好。

尴尬

发步前进

对了，大家听好，第二轮比赛在四天后，

迎战的对手是大川小学。

大……川……大川……

我好像在哪里听过呢。

四天后……

171

沙

柯有学老师，要指导这一群误打误撞的孩子，可真是苦了您啊！

呼……

天啊，原来太阳小学实验社有这种问题啊？真是令人意外呢！

哈哈

抱歉，因为我未曾有过这种经验，所以就帮不上您的忙了。

杀气

杀气

我看过昨天的比赛，你可真是小兵立大功啊！

要不是我教你表面张力，你还能如此幸运吗？

嘿嘿

什么？

聪明，我跟你说……

呃？
嗯……

沙沙

说实在的，你们还真是走运啊！

凭你们这副德行居然能够打进第二轮比赛。

走运？

轰 轰 轰 轰 轰

你应该也很清楚自己做过什么事情吧？

你要是再敢胡说八道，就别怪我对你不客气！

心虚

？

我可是有证人的！

我完全听不懂他在说什么！

你……你们听得懂吗？

耸肩

他那种家伙讲的话有谁能听得懂呢？

对啊，别理他。

搞不好连他自己也听不懂呢！

嘻嘻

175

言下之意，你应该也很清楚水循环的目的啰？

水循环的目……目的？

偷瞄

吃惊

我好像忘记了！你来说说看。

这……这个目的嘛……

我记得好像学过呢……

嗯

呵

够了！
这又不是什么重要的理论，我没必要多做解释吧！

哼！

没错。

水之所以会循环，并没有任何目的或理由。

你在干什么?!

你不要靠近我,我只是不太欣赏许大弘那家伙的作风罢了。

嗯?

你说谎!你已经开始认定我是所谓的超级天才了!

同学们,我刚听到一则最新的消息!

轰隆隆隆

嗯?

这是什么声音?

同学们!

183

啪！

哎呀！

我终于准备好要送给你们打进第二轮比赛的贺礼啰！

收拾 收拾

咚咚

怎么样？下雨时当雨伞用，晴天时就当太阳伞用！

这算什么礼物嘛，还不是要用来宣传您自己！

……

一定会被别人取笑的！

范小宇，你不觉得只有你一个人在抱怨吗？！

才不是呢，你们说是不是？

这把伞还真是轻巧呀！

图案也不错！

校长，谢谢您的礼物。

……

一群叛徒！

我就料到某人一定会唱反调，

所以特别准备了另外一个礼物。

该不会又是另外一种宣传品吧？

为了弥补你们在第一轮比赛期间所受的委屈，同时在迎战第二轮比赛前能够让大家转换一下心情，

肿

哎呀！

我特地安排了一段欢乐时光。

我们一起去为跆拳道社加油吧！

跆拳道社？

哇！那我们今天有炸鸡可以吃吗？

当然，当然！

这样一来，

也可以边加油边看比赛啰？

就可以很自然地……

没错，没错！

来！心怡。我喂你。

哎哟，你好讨厌哟！

害羞

这就是……

梦想中的场景！

您真是太伟大了！

校长，我爱您！

好，我们现在就出发！

让我来带路！

186

范小宇，
你不能去。

石化

我不能去，
您这话是……

这就要怪你自己
在实验社的基础
打得最不稳。

叽
叽叽

你就留在这里，跟着柯有学
老师，好好把基础打稳吧！

休想偷懒！

我的
妈呀！

泪汪汪

老师！
您就帮我说
几句话嘛！

好比"在炸鸡
面前人人平等"
这一类的话。

我也很
想啊，不
过……

这一切可都是
柯有学老师的主意哟，
你就照办吧！

轰隆

187

189

全国跆拳道大赛

今天是举行全国跆拳道大赛团体组准决赛的日子!

所以我们一定要表现出最佳状态才行!

听说校长和实验社的同学也会到场加油,

来,报数!

一! 二! 三! 四! 五! 六! 报数完毕!

可恶!为什么只有六个人?不在场的两个家伙到底是谁?

一个是林小倩！

而另一个是……

队长你啊！

啊！对哟！

林小倩这小鬼，到底跑哪儿去了？

咔咔！

我在这里。

惊悚

沙沙沙沙

你找我有事吗？

你们不觉得她真的好诡异吗？

每次看到她，我都觉得像看到鬼。

开始进行热身运动，绕运动场跑十圈！

必胜！

必胜！

沙沙沙沙

一！
二！

跆拳道！

嗒嗒嗒嗒

嘀嘀 自语

小倩，你有什么心事吗？

主人另有其人。

四叶幸运草，

她就是小宇心中的主人——罗心怡。

嗒嗒嗒嗒

什么？

你在说什么？什么幸运草？小宇心中的主人又是什么？

啪

嗒嗒嗒嗒

妈呀！

下雨时当雨伞，晴天时当太阳伞！

怎么样？这可是为了你们特别定制的呢！

呃……

您好，校长！

乖，乖。

本校的两大明星社团终于相遇了呢！

我来向你介绍一下实验社的成员吧！

江士元！

何聪明！

罗心怡！

另外还有一个小家伙。

等一下，罗心怡？

小宇心中的主人。

罗心怡！

原……原来……

193

现在开始，我们和实验社的同学要举办一场社团联谊！

哈哈哈

社团联谊？

全体立正！

没错！开赛前，我们去欢乐一下吧！

我已经为大家准备了炸鸡大餐，我们一起去吃吧！

哇哇

校长万岁！

呵呵

哇哇哇

眉开眼笑

……！

196

还有
一个，

五！

……

面对任何困难，绝不
退缩、永不畏惧……

百折不挠……

没错！

林小倩！

你可是天生的跆拳道好手。

所以，绝对不可以
做出违背跆拳道精神而选择
放弃或逃避的行为！

没错，我是！

面对任何
困难！

嘿

绝不退缩、
永不畏惧！

嘿！

我是绝不会放弃，也不会逃避的！

哇哈哈哈

我要开动啰！

哇，好香哟！

就坐

小倩，你来啦！来，吃一块吧！

吃惊

……

看你的长相，你应该会喜欢吃鸡翅吧？

美梦要成真啰!

嗯。

加油

没错!我绝对不可以因为某人而放弃希望!

因为范小宇是我的……

我是素食主义者。

来!大家要加油哟!一定要赢得比赛!

哦哦哦

那你要这些萝卜吗?全部给你吃吧!

小宇,你进行得还顺利吗?

水的重要性究竟有多大？

水可以调节地球的气候，使地球维持恒定的温度；所有生物的生存和生长都离不开水：植物通过根部吸收水分，利用水来合成养料；动物要依靠水来维持生命活动，水还能帮助哺乳动物维持适当的体温；人们可以从水中获取食物，用水来灌溉粮食作物和蔬菜；许多工厂也需要用到水；水流产生的能量还可以用来发电；水还可以用于交通……水对整个地球真是太重要了。

水分子的结构

一个水分子是由一个带负电荷的氧原子和两个正电荷的氢原子所组成的，分子之间以"氢键"相互吸引。

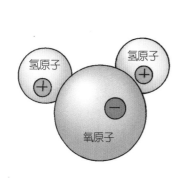

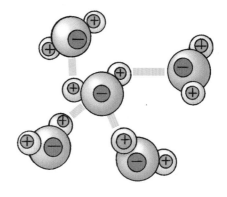

水分子 呈现由一个氧原子和两个氢原子相互结合的形态。

水分子间的氢键 带正电荷的氢原子和带负电荷的氧原子，可以和其他水分子带异性电的氢原子或氧原子相互吸引，形成所谓的"氢键"。因为生命体必须靠水才能生存，因此氢键在生命现象中扮演着极为重要的角色。

水的溶解性

所谓溶解，是指一种物质(溶质)分散于另一种物质(溶剂)中成为溶液的过程。凡能溶解其他物质的液体统称为溶剂，能溶于溶剂的物质称为溶质。由于水可以溶解绝大部分的溶质，因而被称为地球上最好的溶剂，这是因为水分子具有极性，可与其他具有极性的物质结合。

此外，由于水分子之间的相互吸引力很强，因此也可使其他物质的分子容易被解离成阴离子与阳离子。

某些飘浮在大气中的污染物质是可以溶于水的，这些污染物质被溶解在雨水中时，可随降雨落于地面，使空气质量获得改善。血液中的水能够携带食物中的养分，并将这些溶解的养分传送至细胞，从而使身体产生能量。

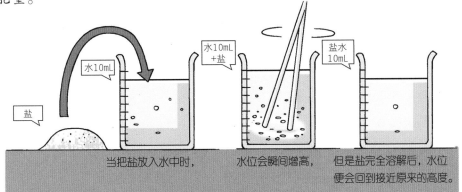

水10mL

盐

水10mL+盐

盐水10mL

当把盐放入水中时，　　　　水位会瞬间增高，　　　　但是盐完全溶解后，水位
　　　　　　　　　　　　　　　　　　　　　　　　便会回到接近原来的高度。

盐的溶解

水的比热

　　所谓比热，是指单位质量的物质温度升高（或降低）1℃所吸收（或放出）的热量。比热越大的物质，升高相同温度所需的能量越多，水的比热就比一般物质的比热大很多。这是由于水分子之间相互吸引的力很大，所以当我们试图扰动呈稳定且坚固结合状态的分子使温度升高时，就需要很多能量。正因为水的比热很大，所以才能够使表面由70%以上海水所覆盖的地球维持恒定的温度，从而使人类避免处在急剧的温度变化之中。

　　此外，之所以会产生中午吹起海风、夜晚吹起陆风的现象，是因为陆地与水的比热不同。

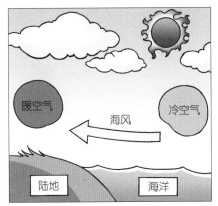

暖空气　　　　　冷空气

海风

陆地　　　海洋

海风：白天由于比热低于海洋的陆地温度攀升较快，地面附近的空气受热上升而呈现低气压状态，从而使风从高气压的海洋吹向陆地。

冷空气　　　陆风　　　暖空气

陆地　　　海洋

陆风：夜晚由于比热低于海洋的陆地温度下降较快，变成高气压状态，而海洋上空的暖空气则上升并呈现低气压状态，从而使风从陆地吹向海洋。

水的密度

密度是单位体积中所含物质的质量。一般情况下，同一种物质的三种状态中，密度从大到小的状态依次是固态、液态、气态。但水是一个例外。水的液态密度最大，固态（冰）其次，气态（水蒸气）最小。在冰中，每个水分子被4个水分子包围形成正四面体，通过氢键相互链接成庞大的分子晶体，从而造成体积膨胀。水的密度在4摄氏度时最大，随着温度的上升或下降，其密度均会变小。就是因为这样的特征，冬季结冰的江河与海洋中的冰仅存在于表面，下方较深处的水则保持未结冰状态。

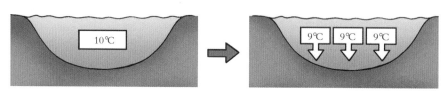

水的整体温度为10℃。

当外部的温度下降，导致水表面的温度下降至9℃时，水的密度便会变大，从而使表面的水往下沉。

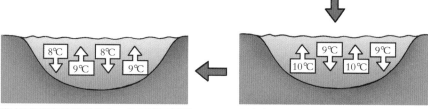

当水表面的温度从原来的10℃下降至低于9℃以下的温度时，表面的水会再度下降。

原来在水底保持10℃的水会往水面浮升，而温度在水面降至9℃的水则会往下沉。

持续反复上述过程后，当水表面的温度达到3℃时，因其密度低于下方4℃水的密度，所以不会再往下沉。

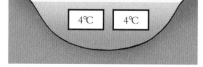

当温度逐渐下降使水表面温度达到0℃而结冰时，水表面的冰块会阻隔冷空气进入水中，使得位于下方的水能够维持一定的温度。

湖水表面结冰的过程

水的表面张力

在液体的内部，每个分子都会受到周围分子的吸引，但是位于液体表层的分子仅受到四周和来自下方分子的引力，因此表层分子会呈现能量较高的状态。而液体为了降低表面能，会尽量缩减表面积，使液滴呈球状。这种效果在无重力情况下最为明显，太空舱中会出现篮球般的大水球，每位航天员轮流传送，各咬一口后，篮球般的水球会逐渐收缩，但总是呈现为球状。

在太空观察水珠的航天员： 在无重力的太空也存在着表面张力作用。如图所示，水珠在无重力的太空依然能够保持球状。

水的毛细现象

毛细现象是指液体在细管状的物体内侧，由于内聚力与附着力的差异，克服地心引力而上升的现象。植物根部吸收的水分能够经过茎内的维管束上升，就是毛细现象最常见的例子。当液体和固体之间的附着力大于液体本身的内聚力时，就会产生毛细现象。液体在垂直的细管中，其液面呈现凹状或凸状，以及多孔材质物体能吸收液体等，都是毛细现象。毛细管常被用来说明毛细现象，将垂直的细玻璃管底部置于液体之中（例如水）时，管壁吸引液柱向上的力量与液柱重量相等时，液柱才会停止上升。在毛细管中，液柱重量与管径的平方成正比，但是管壁吸引液柱向上的力量只与管径成正比，这使得较窄的毛细管吸水高度会比较宽的毛细管高。

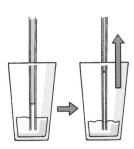

毛细现象会因依毛细管半径不同而有所差异。

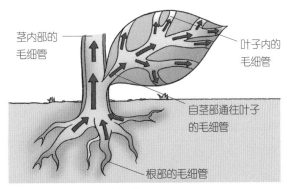

茎内部的毛细管

叶子内的毛细管

自茎部通往叶子的毛细管

根部的毛细管

植物的毛细现象

图书在版编目（CIP）数据

溶液与浮力/韩国小熊工作室著;(韩)弘钟贤绘;徐月珠译. —南昌:二十一世纪出版社集团,2018.11（2025.3重印）

（我的第一本科学漫画书.科学实验王;升级版;11）

ISBN 978-7-5568-3827-1

Ⅰ.①溶… Ⅱ.①韩… ②弘… ③徐… Ⅲ.①溶液－少儿读物②浮力－少儿读物

Ⅳ.①O645-49②O351.1-49

中国版本图书馆CIP数据核字(2018)第234064号

내일은 실험왕 11 : 물의 대결
Text Copyright © 2009 by Gomdori co.
Illustrations Copyright © 2009 by Hong Jong-Hyun
Simplified Chinese translation Copyright 2010 by 21st Century Publishing House.
Simplified Chinese translation rights is arranged with Mirae N Culture Group CO.,LTD.
through DAEHAN CHINA CULTURE DEVELOPMENT CO.,LTD.
All rights reserved

版权合同登记号：14-2010-409

我的第一本科学漫画书
科学实验王升级版⓫溶液与浮力 [韩] 小熊工作室/著　[韩] 弘钟贤/绘　徐月珠/译

责任编辑	杨 华
特约编辑	任 凭
排版制作	北京索彼文化传播中心
出版发行	二十一世纪出版社集团（江西省南昌市子安路75号　330025）
	www.21cccc.com　cc21@163.net
出 版 人	刘凯军
经　　销	全国各地书店
印　　刷	江西千叶彩印有限公司
版　　次	2018年11月第1版
印　　次	2025年3月第11次印刷
印　　数	75001～84000册
开　　本	787 mm × 1060 mm 1/16
印　　张	13
书　　号	ISBN 978-7-5568-3827-1
定　　价	35.00元

赣版权登字-04-2018-409
版权所有，侵权必究
购买本社图书，如有问题请联系我们：扫描封底二维码进入官方服务号。服务电话：010-64462163（工作时间可拨打）；服务邮箱：21sjcbs@21cccc.com。